小學生都會做的菜

蛋糕、麵包、沙拉、甜點、派對點心

happy cooking book

本書出場人物

小舞
和貓咪娜娜乘著綠色零錢包到處玩的小女孩，
善良又樂觀，最喜歡幫有煩惱的小朋友解決問題。

娜娜
小舞最好的朋友，總是和小舞一起行動的藍色貓咪。
知道很多料理的小技巧，有時候像是成熟的姊姊一樣。

朵莉
微笑小學三年級的學生，也是這次的主角。有時候有一點粗
心大意的可愛女孩，最喜歡偶像團體 SYS，也喜歡看書。

菈菈
朵莉的姐妹淘，也是 SYS 的忠實粉絲，
活潑又開朗，而且很有毅力。

小阿姨
最疼朵莉的小阿姨，有點大而化之，也有點粗心，
不過不管朵莉有什麼困難，都會馬上趕到朵莉身邊。

爸爸
朵莉的爸爸，常常要出差的大忙人，看起來很斯文，
有點浪漫，不過有時候會沉浸在自己的世界裡。

媽媽
最最疼愛朵莉的媽媽，雖然很忙碌，
但為了讓朵莉可以吃到美味的料理，很認真的設計了
許多菜色，也是寫這本食譜的人唷！

關於這本料理書的計量

這是一本為女孩子設計的書，原來是作者為小學低年級的女兒寫的料理書，希望她可以嘗試自己做些簡單的料理。為了引發她對做菜的興趣、不會害怕、覺得麻煩，所以在材料的份量上，不像一般做西點那樣標準、精確，其中像顆、片、根、罐等等，以市售能買到的材料即可，杯則是用小朋友的兒童杯來操作。此外，如果使用微波爐加熱，因每一個品牌的瓦數不同，需要稍微調整。

以下是這本魔法料理書中會用到的計量單位：

- 大匙 → 1 大匙＝ 15 克＝ 15c.c.
- 小匙 → 1 小匙＝ 5 克＝ 5c.c.
- 杯 → 除了直接寫明量米杯以外，其餘都是用兒童杯（約 180 ～ 200c.c.）操作。

★安全起見，家中若有小朋友要練習烹飪，身邊一定要有大人陪伴喔！

快來和乘著綠色小錢包的小舞，
以及娜娜一起做料理囉！

happy cooking book

朵莉的爸爸媽媽都出差去了！
特地過來照顧朵莉的小阿姨又不小心受了傷，
這下朵莉該怎麼辦呢？

大家好！我是微笑小學 3 年 1 班的朵莉，很高興認識你們！

目錄
table of contents

漫畫 *cartoon*

食譜 *recipes*

很高興認識妳們，我是朵莉的小阿姨。因為我受傷了，所以只好在一旁休息囉！

大家好唷！我是朵莉的朋友菈菈，我們是超人氣團體 SYS 的死忠粉絲哦。

哈囉，大家好！
我是專門幫助那些愁眉苦臉的
小朋友展開笑顏的小舞。
我最喜歡幫小朋友解決煩惱，
也最喜歡到處散播歡樂！
對了，偷偷告訴你們，我有時候會
忘記刷牙哦！真是不好意思呀。

辦派對 *party*

為了方便香港、東南亞
地區讀者購買食材，歸納出
以下食材名稱的對照表！

奶油（牛油）
葡萄籽油（堤子油）
糖粉（糖霜）
美乃滋（蛋黃醬）
吐司（多士）
可頌（牛角包）
起司片（芝士片）
奶油起司（忌廉芝士）
優格（乳酪）
綠花椰菜（西蘭花）
玉米（粟米）
巴西里（番茜）
覆盆子（紅莓）
香瓜（蜜瓜）
橘子（橙）
鮪魚（吞拿魚）
蟹肉棒（蟹柳）
培根（煙肉）

營養滿點的健康食材 *veggie*

經典料理 *classic*

附贈 *and more*

阿囉哈！
我是貓咪娜娜。
我是小舞最要好的朋友，
所以我一定要幫小舞改
掉賴床的壞習慣哦！

我自己的料理書

「叮咚！」

門一打開，小阿姨拉著旅行箱踏進朵莉家的玄關。
小阿姨為什麼會提著旅行箱來家裡呢？因為爸爸和媽媽剛好都
出差去了，爸爸和媽媽同時都不在家，這種情況對我來說真是場悲劇，
不過，這一次似乎有點不尋常，因為我早就知道爸爸會出國兩個星期，
但是並沒有聽媽媽說最近有什麼出國的計畫啊？

「小阿姨妳來啦？」

「是啊，我一接到妳媽的電話就立刻趕過來了！她說
突然得去法國一趟，因為原本要去的同事得了急性盲腸炎，
所以只好換成她去。」

朵莉，妳來看看這個。
這是我在妳媽的書桌上找到的，
好像是妳媽媽寫的食譜耶！

是嗎？
裡面搞不好只有
介紹五更腸旺和粉腸
的做法吧！我媽超愛
吃這兩道菜！

像驚奇蛋一樣
突然出現的
料理書

嗯……
粉腸真是太好吃啦！

其實對朵莉來説，和小阿姨一起住幾個星期也不是什麼壞事，
只不過一想到爸爸和媽媽同時不家，就覺得很傷心。
雖然朵莉也不是第一次碰到這樣的情況，但每次遇到時，還是會難過一陣子。

給我最親愛的朵莉

朵莉：

　　其實，有時候媽媽自己也很難相信竟然已經 40 好幾了，總覺得自己還年輕。記得以前放學後我會去才藝教室上鋼琴課，練完鋼琴都會和好朋友一起去吃一盤五個才 50 元的辣炒年糕。我們窩在小攤子裡，像是吃山珍海味一樣，這好像是昨天才發生的事情。而我的舌尖，到現在似乎還能感受到那一盤辣炒年糕的味道呢。

　　當我看到妳和朋友三五成群結伴走在一起，嘰嘰喳喳說個沒完時，我總會有種錯覺，好像妳不是我的女兒，而是我最要好的朋友。這時我就會有股衝動，想和妳討論最近新出的漫畫與線上遊戲。

朵莉：

　　從媽媽小時候開始，外婆就經常耳提面命要我好好念書，也許現在的妳和其他朋友一樣，因為課業而感到壓力沉重。其實，我在妳這個年紀的時候一樣也有課業的壓力。外婆那一代，因為經歷了戰爭所以沒能好好念書，加上還要幫忙做家事，沒辦法上學成了外婆心裡最大的遺憾。因為這樣，才會這麼督促我，無論如何都要努力念書。

　　還記得小時候，每當我想幫忙外婆煮晚餐，或是替芭比娃娃縫製新衣服的時候，外婆總會大驚小怪地說：「女兒啊，等妳以後結了婚、生了孩子，煮飯、縫衣服這些雜事自然會多到讓妳做不完，媽媽希望妳現在可以做更有意義的事。」一直到我 19 歲那年的 3 月，也就是考上大學住進宿舍之前，別說是煮飯了，我連碗都沒洗過。

朵莉：

　　外婆說的是對的，當我結了婚生下了妳，煮飯、縫衣服這些家事的確讓我忙不完。不過，外婆說的那些話，有一句不對。我覺得這些家事比念書、練琴還要有意義。等我讀完大學，結束校園生活後，出了社會便開始了獨自一人的生活，一個人要獨立生活並不是一件簡單的事情，所以我更能深刻感受到「原來做家事是這麼有意義、實用的事情！」

　　以前我不知道枕頭套多久要洗一次，也不知道做泡菜炒飯時要放鹽，更別提海帶芽泡過水居然會膨脹，真的完全都不清楚！記得我上完大學的第一堂課，回到宿舍，一想到以後再也沒有人會主動幫我整理書桌，我站在書桌前失落了好一陣子。

　　老實說，替自己和喜愛的家人、朋友做料理真的是件重要、而且幸福的事。我年紀越大，就越覺得這些事非常有意義，尤其生下妳，成為媽媽之後，我好希望自己是個超人，可以樣樣精通，不管花什麼代價，希望能給妳最好的成長環境。我常常煩惱，該怎麼準

備既好吃又營養的食物給妳吃呢？也領悟到：「一家人圍在一起，津津有味吃著我做的菜，原來是這麼幸福的呀！」

朵莉：

　　幫喜愛的家人、朋友做菜讓人感到愉快，但是為自己準備食物也同樣是很快樂的事唷！還記得前一陣子媽媽休假那幾天嗎？爸爸出差不在家，妳也去上學了，眼看時間已經逼近中午，媽媽一個人覺得很無聊，索性就利用家裡現成的食材，自己做了一頓簡單的午餐。把食物擺在最漂亮的碗盤裡，吃過午餐後心情竟然也變好了（看來我只是因為肚子餓才心情不好，妳以後也不准餓肚子哦！）

　　媽媽不希望妳只是專注在學校的功課上，人活在世界上，要學的東西實在太多了！其中，學習怎麼生活也是一種愉快的經驗。妳將來總有一天要獨立，所以希望妳可以從現在開始一步一步慢慢學習。當然念書也是其中一項，只有靠書本學習知識，提高自己各方面的能力，以後才能有更好的發展機會。不過，現在先閉著眼睛，想像妳以後一個人生活的情形吧，妳自然會知道，一個人生活會面臨到什麼樣的問題。所以，首先我希望妳能夠學會自己做料理，雖然餐廳和速食店到處都是，但我還是希望妳能夠利用廚房裡最新鮮的食材，煮出可口的料理，這樣就算以後一個人住，也不會餓肚子，能夠照顧自己的飲食。

　　在烹調出美味的料理之前，妳必須先學會許多東西，但也不用太擔心啦！打個比方好了，不會要一個 8 歲的小孩去解方程式。一個剛接觸數學的小學生，一定得先學會認數字，再學加減乘除，接著才學解方程式。妳也一樣，一項一項慢慢學，總有一天妳就會和料理成為好朋友。我替妳和妳的朋友們寫了一本料理書，就好像學校的數學參考書一樣，希望對妳有幫助。當然，如果有一天我可以吃到妳的拿手好菜，應該會高興得手舞足蹈吧！

最最愛妳的

媽媽

媽媽小時候

朵莉是一個很喜歡看書的小孩，她已經讀遍書櫃裡的童話書和漫畫了，
有些書甚至已經看了好幾遍。星期六的早上，愛閱讀的朵莉總會在爸爸身旁，
爸爸看報紙，她則翻著夾在報紙裡的廣告傳單。不過，當朵莉發現
媽媽寫的這本書裡面夾了一封信時，她猶豫著該不該打開信來看……因為媽媽這次
突然出差，居然沒有先說一聲，朵莉還在生悶氣！猶豫了半天，
朵莉最後還是決定把媽媽的信打開來看，看完信後，朵莉慶幸著還好自己看了。
當她知道原來媽媽也有小時候，覺得很新奇。而且，光是想到媽媽
為了自己寫一本書，就覺得很開心。

小阿姨，媽媽出差不在家的這兩個星期，我會照著這本書好好學習料理！妳一定要幫我哦！

那是當然的啦。

哇！沒站穩……

咚！

碰

這下該怎麼辦呢？

嗨，朵莉，我是小舞。我在老遠的地方就看到妳好像很煩惱，所以和娜娜一起飛過來找妳。

我很想照顧妳，可是我受傷了，必須好好休養……

我最喜歡和愁眉苦臉的小朋友做朋友了，我帶來了「微笑小天使」，他們可以趕走妳的煩惱和悲傷哦，我先撒一些微笑小天使給妳吧！

是嗎？朵莉，我們會努力幫妳的，現在就照著媽媽的愛心料理書一步一步學做菜囉！

哇！心情突然變得好好，我一定可以做出美味料理。

加油！

11

超簡單的美味早餐！

肉桂吐司

為了不讓寶貝餓肚子，
媽媽總會早起準備的超好吃早餐——肉桂吐司。
妳吃得津津有味的模樣，
媽媽看了很開心！
今天要不要動手做做看？
這是媽媽教妳的第一堂料理課。

小舞的貼心叮嚀！

肉桂吐司真的是一道超簡單的
料理耶！但是因為會用到火，所以還是
要小心。煎吐司之前，先用中火熱鍋，再轉
成小火就行了。調節火力的大小，
可是做料理最重要的技術，
多練習幾次就會了！

材料
ingredients

吐司
2 片

奶油
1/2 大匙

肉桂粉
適量

糖
少許

怎麼做 how to cook

❶ 用中火熱鍋，然後轉成小火，放入奶油融化，接著

把吐司放入鍋子裡煎至呈金黃色。　❷ 趁吐司還熱熱的時候，撒上肉桂粉和糖。

❸ 利用餅乾模型將吐司壓印出形狀。

娜娜的悄悄話！

為了避免肉桂粉和砂糖分佈得不均
勻，撒的時候手盡量抬高一點。可以
先把吐司放在盤子或淺盤上，兩手舉
高，把肉桂粉和砂糖均勻撒在吐司上，
很簡單吧！

必備工具排排站

Utensils Guide

第一堂料理課是不是很簡單又很好玩？

在做第二道料理之前，

先介紹一些烹調時會用到的必備工具。

等你認識這些道具、熟悉使用方法後，

接下來做其他料理會更事半功倍喔！

砧板

墊在食材下面，方便切的工具。通常有木製和塑膠材質兩種。使用後的砧板如果沒有洗乾淨，很容易滋生細菌，所以用完後一定要仔細清洗，別忘了還要經常消毒喔！

鍋子

烹煮食物時用的工具。材質多為不鏽鋼和玻璃，種類五花八門，有各種不同的深度和大小。

鍋子隔熱墊

事先在桌子上放隔熱墊，可以避免滾燙的鍋子把桌子燙成大花臉喔。

料理刷

是很方便的工具。用烤箱烘烤食物時，可以用刷子沾醬料刷在食物上。選擇矽利康材質的刷子，除了方便清洗，也比較衛生。

刀子

可用來切或壓碎材料。依照尺寸和用途的不同，種類很多。不過，這些刀子都有一個共通點，就是都很危險！使用時要格外小心哦！

漏斗

上面是一個大開口，下面則是窄管的造型。當你想把液體倒入開口狹窄的容器內，這時候漏斗就派得上用場。

榨汁機

可將柳橙、檸檬榨出原汁的好幫手。用榨汁機榨出來的果汁量，遠比用手擠的量還多。

平底鍋
可以用來煎炒或者油炸食物。炒菜時可選擇有點深度的鍋子，做煎餅時則使用比較淺的鍋子。

便當盒
能夠把食物帶著趴趴走的容器。如果要把食物放在便當盒裡，最好選擇不容易壞、湯水較少的食物。

打蛋器
除了能夠攪拌多種不同的食材，也可以用來打出泡沫。用完後要馬上清洗，如果隔一段時間才清洗的話，食物殘渣會凝結在上面，就很難清乾淨了。

餐盤
是一種可以同時盛飯、菜跟湯的容器。可以在餐盤上同時裝上各種菜色，看起來好看，吃起飯來也更津津有味呢。

餅乾模型
可以做出可愛餅乾的秘密武器！也可以把食材變成可愛的造型喔。

鍋鏟
專門用來翻炒食物的工具。刮除鍋子裡的麵糊和沾醬時，也很實用喔！

撈麵杓
瀝乾泡麵、麵條或義大利麵的湯水時使用，也可以直接用來撈麵。

缽和杵
輕鬆將香料或食材搗成泥。可以用杵把草莓或煮熟的馬鈴薯搗成泥，也可以將芝麻磨成粉喔！

公主風甜蜜點心
覆盆子鬆餅

妳平常喜歡粉紅色、愛心圖案和公主風的裝扮，
那我一定要介紹這道最適合小公主的點心——
做法簡單，看起來又漂亮的鬆餅。
穿上粉紅色圍裙，準備好大顯身手吧！

mon esprit
plaisir au plaisir de boire gourmand

在這道料理中，必須把覆盆子洗得很乾淨才行。先把覆盆子放入煮滾的醋水裡面做第一道清洗，再把覆盆子以流動的水沖洗一遍，就能吃得更安心。還有，覆盆子濕濕的會不好吃，一定要把水份瀝乾哦！

材料 ingredients

鬆餅粉 200 克

覆盆子 1/2 杯

食用油 少許

雞蛋 1 顆

牛奶 150 毫升

糖漿 少許

怎麼做 how to cook

① 覆盆子放在流動的水底下沖洗，再放到篩網上瀝乾水分。 **②** 把雞蛋、牛奶放進容器裡，用打蛋器均勻混合。 **③** 充分攪拌雞蛋和牛奶，倒入鬆餅粉，努力攪拌到看不到鬆餅粉的粉末。 **④** 平底鍋以小火加熱，倒入一點點油，放入 1 湯匙的麵糊煎，如果鬆餅的表面產生氣泡，就可以翻面。 **⑤** 在煎好的鬆餅上放覆盆子，淋上糖漿，可以吃囉！

娜娜的悄悄話！

攪拌鬆餅麵糊時，如果攪拌的時間過久，做出來的鬆餅口感會比較硬。另外，要攪拌到看不見鬆餅粉才可以哦！

好想搭著小船去旅行！

蛋蛋小帆船

這是人魚公主和王子搭過的小船喔！
是不是也想要搭著帆船去旅行？
船上有華麗的船艙，
每天晚上還會舉行各種有趣的 party，
以後我們一定要去體驗看看！
今天我們就先來做蛋蛋小帆船點心吧！

水煮蛋
5 顆

蜂蜜芥末醬
3 大匙

美乃滋
1 大匙

甜椒
1/2 顆

鹽、胡椒
各少許

酸黃瓜片
5 片

小舞的貼心叮嚀！

總覺得剝蛋殼很困難嗎？其實有個
小撇步！煮水煮蛋的時候，只要在水裡加
一些醋，蛋殼就會比較容易剝落。
還有，把剛煮好的水煮蛋放
進冷水裡泡涼再剝殼，
蛋殼也會比較好剝喔。

怎麼做 how to cook

1 拿出煮好的水煮蛋，朝硬物用力敲一下，沿著碎裂的地方把蛋殼剝開。 2 剝好

蛋殼，把水煮蛋切成兩半。 3 把蛋黃挖掉，挖下來的蛋黃搗碎（可以用

叉子壓碎）。 4 將甜椒和酸黃瓜切碎。 5 把碎

蛋黃、切碎的酸黃瓜、甜椒、美乃滋、蜂蜜芥末醬、鹽、胡椒粉通通放進容器裡攪拌成

餡料。 6 將 5 的餡料填到蛋白凹陷的洞裡，可以吃囉！

娜娜的悄悄話！

也可以把杏仁、花生這些堅
果搗碎擺在小船上，不僅好吃
而且更營養，也很漂亮唷！

大人也一樣唷！

載著小舞來的
綠色零錢包

朵莉，妳媽媽寫的料理書，做法簡單又好吃吧？

是啊，可是好奇怪哦！媽媽既然會那麼多不同的料理，為什麼每次吃飯時，都只有雞蛋和海苔呢？

媽媽本人比較需要這本書吧？

我受傷了，所以要好好休息。

我媽媽也老是只準備魚骨頭給我吃耶？

我媽媽為什麼只給我骨頭呢？

我媽媽為什麼只給我胡蘿蔔呀？

而我只有向日葵籽！

大家等一等！先等等，先送你們一些微笑小天使吧，你們就會覺得幸福又充滿朝氣囉。

親愛的朵莉，
其實媽媽和我們一樣也只是普通人，除了年紀比較大以外，其他都和我們一樣。媽媽早上出門上班，下班回到家後要照顧朵莉、做家事，還得忙著準備晚餐，所以媽媽忙得每天總是準備一樣菜色啦。

對耶，媽媽真的好忙。
你們知道我上次去郊遊時發生什麼事嗎？媽媽幫我準備便當的時候，忘記放筷子，卻放了一張包壽司的竹簾在裡面……唉，我應該體諒媽媽的。

上次郊遊時，朵莉乾脆把包壽司的竹簾鋪在便當盒底下，然後打開便當直接用手拿著吃。

試試墨西哥經典美食吧！

墨西哥雞肉卷

據說每天做一樣的事情，走同樣的路，
幸福指數會下降耶！
偶爾來點變化，就會有幸福的感覺唷！
墨西哥雞肉卷是遠在地球另一邊的美食，
換點另類美食來感受幸福吧！

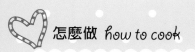

墨西哥薄餅 2 張	雞胸肉罐頭 1 個	綠色蔬菜 少許	洋蔥 1 顆	甜椒 1 顆	起司片 2 片	美乃滋 2 大匙	蜂蜜芥末醬 1 大匙

鹽 少許	胡椒粉 少許

怎麼做 how to cook

① 洋蔥先切成細長條狀。平底鍋加熱,倒入一點油,放入洋

蔥炒到變成金黃色,撒上一些鹽、胡椒粉。 ② 甜椒切成兩半,剔掉裡面的籽後切成長條

狀。 ③ 把雞胸肉倒在篩網上,瀝乾水分。 ④ 將墨西哥薄餅攤在砧

板上面。 ⑤ 美乃滋、蜂蜜芥末醬均勻地塗在墨西哥薄餅上。 ⑥ 陸續放入蔬菜、起司、

炒過的洋蔥和雞胸肉, 然後捲起來,可以吃囉!

小舞的貼心叮嚀!

墨西哥雞肉卷(taco)是墨西哥的
美食,做法很簡單,只要在墨西哥薄餅
(tortilla)上塗上醬料,再放一些自己喜
歡的肉類、蔬菜後捲起來就行了。
對了,聽說吃墨西哥雞肉卷的時候,
不用叉子,直接用手抓著吃是
一種禮貌喔!

娜娜的悄悄話!

把醬料塗在墨西哥薄餅之前,
可以把薄餅先放進微波爐加
熱 30 秒。加熱過的薄餅會變
得比較軟,不僅容易捲起來,
而且味道更升級哦。

23

我要把三明治捲起來！

捲捲三明治

朋友來家裡玩的時候，可以做這道捲捲三明治讓朋友品嘗！
三兩下就能做好，成品更是漂亮！
一邊吃，一邊和朋友度過歡樂的時光。

小舞的貼心叮嚀！

把火腿和起司鋪在吐司上面時，不要排得太滿，其中一邊的邊緣要留一點空隙。這和包壽司一樣，邊緣要留一些空間，成品才會漂亮，而且也比較容易捲。

材料
ingredients

吐司 4片

火腿 4片

起司 4片

美乃滋 2大匙

怎麼做 how to cook

❶ 切掉吐司邊。　❷ 利用擀麵棍把吐司擀平。

❸ 把美乃滋塗在吐司上，然後鋪上火腿、起司。　❹ 吐司捲起來後用保

鮮膜包住，要吃之前取下保鮮膜，再切成適合食用的大小，可以吃囉！

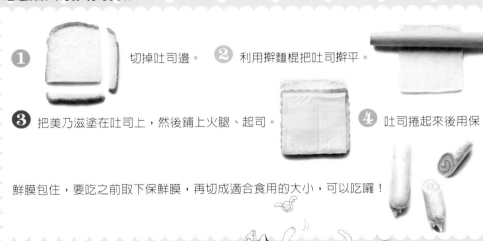

娜娜的悄悄話！

吐司用擀麵棍擀完後，上面可以先鋪一張浸濕的手帕。因為吐司吸收水分以後，比較容易捏出形狀，而且也比較容易定型。

營養滿點的健康食材

Eggplant 茄子

如果妳的眼前出現一條散發珍珠光澤的茄子，
原本就喜歡紫色的妳一定會愛上它！
可是，每次媽媽煮的茄子料理妳好像都不怎麼捧場，
這次媽媽特別研究了一番，讓妳愛上這道茄子料理！

start 茄子＋鮪魚的
最佳料理

start 茄子＋飯的
最佳料理

娜娜！我真的好
喜歡紫色哦！

是嗎？那就多吃一點
紫色的茄子吧。

嗯……可以不
要吃茄子嗎？

先嘗嘗看嘛！

將現有的堅果搗碎。

茄子縱切成薄片，撒上
一些鹽和胡椒粉，然後
放進平底鍋裡煎一煎。

start 茄子＋起司＋麵包
的最佳料理

煎茄子的時候，記得要
用葡萄籽油哦！

{ finish! }
茄子飯卷

搗碎的堅果
加入韓式生
菜醬裡。

再加入一些美
乃滋。

飯裡加入鹽
和胡椒粉，
捏成一口的
大小。

將煎過的茄
子捲起來。

在茄子卷上
面，擺些生
菜和佐料。

小舞的貼心叮嚀！

茄子含有豐富的植物纖維，可以幫忙清理腸道，
對改善便秘超有效！購買時，記得選色澤鮮艷、
散發美麗光澤的茄子哦。

茄子切成 1.5
公分的厚度。

撒一些鹽和胡
椒粉。

鍋燒熱，倒入
一些油，把茄
子放進去煎。

把聖女蕃茄、
黑橄欖都切成
一口的大小。

將鮪魚、黑橄
欖、聖女蕃茄
和植物優格排
放在煎好的茄
子片上，就大
功告成了。

finish!
{茄子鮪魚卡納佩}
（canapé）

最後淋上一些
巴薩米克醋，
大功告成囉！

把煎過的茄子
片、蕃茄和莫
札瑞拉起司擺
在麵包上。

把莫札瑞拉起
司和蕃茄切成
薄片。

茄子也切成薄
片，撒上一些
鹽和胡椒粉
後，放進平底
鍋裡煎。

麵包抹上美乃滋。

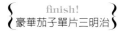

finish!
{豪華茄子單片三明治}

娜娜的悄悄話！

茄子裡面有「花色素苷（anthocyanin）」的成分，
所以才會是漂亮的紫色唷！花色素苷會中和我們
體裡的毒素，具有防癌功效，這麼健康又好吃的
蔬菜，一定要嘗嘗看！

27

好好吃的優格蔬菜點心
爽口蔬菜棒

妳一定知道蔬菜對身體很好，但卻很少特地到廚房找蔬菜來吃吧？朵莉，
有空時，可以把蔬菜切成一條一條，然後找一本喜歡的漫畫，邊看漫畫邊吃。
不過，光是啃蔬菜可能不太美味，不妨用優格做成沾醬搭配著吃唷。

娜娜的悄悄話！

在優格沾醬裡加入酸黃瓜碎，會
更好吃喔！如果喜歡吃酸一點，
那就多放一些酸黃瓜吧！

植物優格 2 瓶	美乃滋 5 大匙	培根 3 片	甜椒 1/4 顆	鹽、胡椒粉 各少許

沾醬　蔬菜

材料
ingredients

胡蘿蔔 適量	甜椒 適量	小黃瓜 適量	西洋芹 適量	現有的蔬菜 適量

怎麼做 how to cook

❶ 將適量的胡蘿蔔、小黃瓜、西洋芹洗乾淨，切成條狀。甜椒

洗淨，取少部分切碎，其他切成條狀。❷

培根煎到酥脆，然後切成小塊。❸ 植物優格、美乃滋、甜椒碎、培根、鹽和胡椒粉

放入容器裡均勻攪拌，做成沾醬。

❹ 全部都準備好了，可以馬上沾著吃囉！

小舞的貼心叮嚀！

培根要煎到酥脆出油可不容易
喔！所以，先用微波爐將培根烤
熟是個好辦法喔。先在盤子上鋪
紙巾，把培根放在紙巾上去烘烤
30 秒，三兩下就能搞定囉！

壓一壓、滾一滾，好玩又好吃

芝麻地瓜球

地瓜含有維他命 C 等各種營養成分，
還有豐富的植物纖維，
可以讓你和便秘説掰掰喔！
雖然地瓜算是減肥食物，但是卡路里
可不低哦，所以不能吃太多！

小舞的貼心叮嚀！

地瓜要煮得好吃有點小難度，現在就和
大家分享一個小秘訣。首先，要記得煮的時候
水不能放太多，水量大概是剛剛好淹過地瓜
的程度就可以了。剛開始時先以大火煮，等水
滾了改成小火，然後一直煮到水份都收乾了
為止！烹煮時可以加入一塊海帶，讓地瓜
熟得更快、風味更佳。

怎麼做 *how to cook*

❶ 煮熟的地瓜去皮，放進容器裡壓碎（可以用叉子壓碎）。

❷ 將壓碎的地瓜、奶油、糖、美乃滋、鹽放進容器裡攪拌均勻。

❸ 用湯匙舀 1 大匙地瓜泥，  中間包入奶油起司，把地瓜泥揉成丸子。

❹ 黑芝麻、白芝麻倒入盤子裡，放入地瓜丸子滾一滾沾裹芝麻。

娜娜的悄悄話！

一定要趁熱把地瓜壓碎哦！
如果地瓜涼了就會很難壓，
千萬要把握時機唷！

午餐肉壽司

和朋友約好要去公園騎腳踏車時，
要不要帶一份 DIY 便當？
現在我要介紹的這道便當菜，
只要利用家裡現有的午餐肉
和小黃瓜就 OK 囉！

材料
ingredients

| 海苔 少許 | 午餐肉 1/2 罐 | 小黃瓜 1/4 條 | 胡椒粉 少許 | 鹽 少許 | 香油 少許 | 飯 1 碗 |

怎麼做 *how to cook*

① 午餐肉切成厚厚的一片，放到鍋子裡加熱。 ② 小黃瓜

洗淨後切片。 ③

飯、香油、鹽、胡椒粉

放進容器裡拌勻。 ④ 將小黃瓜排到午餐肉上，白飯捏成和午餐肉

一樣的大小，然後堆到小黃瓜上方。 ⑤ 白飯的上方再排上小黃瓜和午餐肉，把剪成長條狀

的海苔環繞在白飯和午餐肉的中間，可以吃囉！

小舞的貼心叮嚀！

小朋友們最喜歡的午餐肉（spam）其實是「shoulder of pork and ham（豬的肩膀肉和火腿）」的縮寫。最早的午餐肉罐頭在 1937 年誕生，真是歷史悠久的罐頭呢！

娜娜的悄悄話！

切過的小黃瓜會出水，所以切完後可以先將小黃瓜放在紙巾上吸水喔。趁做壽司飯的時候，小黃瓜的水吸得差不多乾了，吃起來會更好吃喔！

營養美味的飯料理

甜心栗子飯

偶爾想嘗點不一樣的，但又怕做法太複雜太麻煩……

不妨試試用電鍋來製作營養飯吧！

事前的準備很簡單，而且只要按下按鈕就搞定了。

如果某一天，妳在媽媽下班前做了這道菜請媽媽吃，

我一定會開心得暈過去！

材料 ingredients

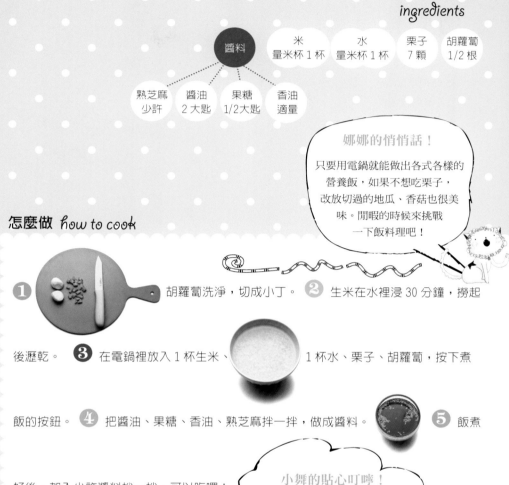

醬料

米 量米杯 1 杯　水 量米杯 1 杯　栗子 7 顆　胡蘿蔔 1/2 根

熟芝麻 少許　醬油 2 大匙　果糖 1/2 大匙　香油 適量

娜娜的悄悄話！

只要用電鍋就能做出各式各樣的營養飯，如果不想吃栗子，改放切過的地瓜、香菇也很美味。閒暇的時候來挑戰一下飯料理吧！

怎麼做 how to cook

❶ 胡蘿蔔洗淨，切成小丁。 ❷ 生米在水裡浸 30 分鐘，撈起後瀝乾。 ❸ 在電鍋裡放入 1 杯生米、1 杯水、栗子、胡蘿蔔，按下煮飯的按鈕。 ❹ 把醬油、果糖、香油、熟芝麻拌一拌，做成醬料。 ❺ 飯煮好後，加入少許醬料拌一拌，可以吃囉！

小舞的貼心叮嚀！

利用電鍋煮飯時，可以用煮過的海帶汁代替清水，味道會更加鮮甜！剪一片海帶，仔細清洗過後，放到熱水中泡到軟，然後取出海帶，留下的 100% 海帶汁拿來做飯恰恰好。

好奇怪噢……爸爸媽媽跟我說，他們是在圖書館相遇的，媽媽在上樓梯的時候不小心掉了手帕，然後被偶然經過的爸爸撿到……

同學，妳的手帕。

是嗎？真奇怪呀！但是綠色零錢包是不會說謊的啊……

難道朵莉是別人家的小孩？真是天大的秘密。

啪

咚！

Fact：真相是

大學生爸爸：小靜，以後別和我們的孩子說我們是在這種無聊的聯誼中認識的。

大學生媽媽：（錯愕）我們的孩子？我什麼時候說過要和你結婚了？

大學生爸爸：（不理會媽媽，自顧自地說）這樣好了，我們就說我們是在圖書館相遇的，妳不小心掉了手帕，然後被經過的我撿到，妳為了表示感謝，於是請我喝茶，然後我們就開始交往了。是不是很浪漫的故事啊？

朵莉坐上小舞的綠色零錢包，咻——地回到過去，見到了年輕時的爸爸和媽媽。一見鍾情、墜入愛河的大學生爸爸和媽媽，看起來就和鄰居的大哥哥、大姐姐一樣，青澀又單純。不過，朵莉在這天發現，原來爸爸和媽媽也會說謊。

観賞運動比賽時，絕不能沒有熱狗！

寶貝熱狗

和朋友一起去看運動比賽時，總會想帶點吃的東西吧？
想來想去，最適合在看比賽的時候吃的零食就是熱狗了！
妳可以先在家裡幫大家準備熱狗便當，朋友們一定超喜歡！

娜娜的悄悄話！

萬一沒有小餐包，也可以用白吐司或法
國麵包。如果是用白吐司，先將熱狗放
在麵包上，淋些蕃茄醬後，連同麵包把
熱狗捲起來；如果是用法國麵包，可以
在麵包中間開一個洞，把熱狗嵌進去，
最後再淋上蕃茄醬，很簡單吧！

材料 ingredients

小餐包
4 個

熱狗
4 條

洋蔥
1/4 顆

起司片
1 片

生菜　蕃茄醬
4 葉　少許

怎麼做 how to cook

1 將熱狗放進可微波的容器裡，倒入剛好淹過熱狗表面的水，

微波 5 分鐘。　**2** 生菜洗乾淨，起司片切成 4 等分。　**3** 洋蔥切成條狀。

鍋燒熱，倒入少許沙拉油，放入洋蔥炒到呈金黃色。　**4** 小圓麵包從中間割開，

放入起司、熱狗、生菜和洋蔥。　**5** 淋上蕃茄醬，可以吃囉！

小舞的貼心叮嚀！

有一件事情一定要記住！不管是什麼
食物，在微波加熱完之後都非常燙，
所以要把食物從微波爐裡拿出來時，
記得要戴上隔熱手套，拿熱狗的時候
也要用夾子夾哦。

沒有烤箱也能做點心唷！

胡蘿蔔玉米鬆糕

妳覺得鬆糕一定要用烤箱烘烤嗎？其實用電鍋也可以做唷！
電鍋的好處是不必先預熱，也不必設定時間。
現在，讓媽媽來示範怎麼用
最簡單的方法做出好吃的鬆糕吧！

材料 ingredients

中筋麵粉 200 克	雞蛋 1 顆	糖 50 克	牛奶 1 杯	葡萄籽油 3 大匙
玉米 4 大匙	泡打粉 2 小匙	肉桂粉 1 小匙	鹽 1/2 小匙	胡蘿蔔 1/3 根

怎麼做 how to cook

❶ 胡蘿蔔切成小丁，玉米罐頭倒在篩網上瀝乾水分。 ❷  中筋麵粉、泡打粉、肉桂粉先過篩。 ❸  把雞蛋、牛奶、糖、鹽放入容器裡攪拌，邊加入葡萄籽油邊攪拌。 ❹ 將過篩的粉類、胡蘿蔔和玉米加進 ❸， 攪拌均勻成麵糊。 ❺ 把麵糊倒入蛋糕杯裡，大概裝七分滿。

❻ 電鍋裡先倒入 1 杯水，然後放入蒸盤，最後放入鬆糕，按下按鈕，等一下就可以吃囉！

營養滿點的健康食材

Potato 馬鈴薯

馬鈴薯是媽媽最喜歡的食材了！雖然它沒有亮麗的外表，卻蘊含了各式各樣的營養，
像是維他命 C、鉀、各種礦物質、碳水化合物，是一種很有魅力的食材。
以前外婆幫媽媽準備便當時，偶爾會用馬鈴薯代替白飯，一看到便當裡有馬鈴薯，
我總是很高興，午餐時間更讓人期待了。

start 馬鈴薯＋蒜頭
的最佳料理

start 馬鈴薯＋吐司
的最佳料理

馬鈴薯放進微
波爐或蒸鍋裡
煮熟。

把煮好的馬鈴
薯趁熱壓碎。

找出冰箱裡現
有的蔬菜。

對我來說，馬鈴薯是一種充滿回憶
的食物呀。

回憶？妳現在才 8 歲，就已經有回憶了？

當然囉！我 6 歲的時候，鄰居的大哥
哥每天都會給我 1 顆煮熟的馬鈴薯，
那位大哥哥真的很疼我，而且馬鈴薯
好好吃唷。

哦，我也認識那一位大哥哥。因為他不
敢吃馬鈴薯，每天都會挨罵，所以才把
馬鈴薯給妳的。

蝦咪？那我討厭他！

摘下迷迭香的葉子。

如果家裡有巴西利,摘下巴西利的葉子後搗碎,備用。

把鹽、胡椒粉、橄欖油、蒜泥、迷迭香和巴西利全部放進容器裡。

還有一道和馬鈴薯很對味的點心。

那就是水蜜桃優格,做法超簡單而且好吃的不得了!

start

水蜜桃罐頭＋優格的最佳料理

1. 從罐頭裡取出果肉,放在篩網上瀝乾水分。
2. 把水蜜桃切成小丁。
3. 把水蜜桃丁放進杯子裡,約到半滿的程度。
4. 最後把優格倒在水蜜桃上就行了!

把馬鈴薯切成兩半,再切成彎月的形狀。蒜頭磨成泥。

仔細攪拌均勻。

馬鈴薯放進耐熱的碗裡,然後以微波爐加熱3分鐘。

{ finish! }
黃金脆薯

把馬鈴薯放入鍋中,煎到兩面都呈金黃色,就可以上桌了!

{ finish! }
水蜜桃優格

{ finish! }
馬鈴薯沙拉三明治

每種蔬菜都切成小丁。

馬鈴薯泥、蔬菜小丁、美乃滋、鹽與胡椒粉均勻混合。

把馬鈴薯沙拉放進兩片吐司之間就OK了。

經典料理也難不倒我

ㄅㄨㄞ ㄅㄨㄞ蛋

這是爸爸最喜歡吃的料理之一，
我把這道料理的做法傳授給妳。
最簡單的做法是用微波爐烹調，
以後的星期天早上，妳可以做給爸爸嘗嘗哦！

小舞的貼心叮嚀！

這裡有個小訣竅，
蛋液在和蔬菜攪拌之前，
可以先過篩一遍，
這樣蒸蛋的口感
會更滑嫩哦！

材料
ingredients

雞蛋	牛奶	水	鹽	香油
3 顆	1/2 杯	1/2 杯	1/4 小匙	少許

綠花椰菜	胡蘿蔔	胡椒粉
1/4 顆	1/4 根	少許

怎麼做 *how to cook*

❶ 只取綠花椰菜上面的部分，綠花椰菜和胡蘿蔔都切成小丁 ❷ 把雞

蛋、牛奶、水、香油、鹽和胡椒粉放進容器裡，以打蛋器攪拌均勻。

❸ 再放入胡蘿蔔丁、綠花椰菜丁， 充分攪拌後倒入微波爐專用的碗裡，

約盛滿 2/3 即可。 ❹ 用保鮮膜把碗的開口封住，在上面戳幾個小洞，放到微波爐裡加

熱 7 分鐘，可以吃囉！

娜娜的悄悄話！

利用微波爐煮食物時，一定要在
保鮮膜上戳幾個洞讓空氣流通；
蒸蛋煮熟的時候體積會變大，所
以一開始裝的時候，只要裝到
2/3 滿就行了。

45

夏日的冰涼點心

柳橙雪酪

「雪酪（sherbet）」的法文是「索樂貝（sorbet）」；
記得剛開始教妳讀字的時候，每次讀到這個字妳都會笑得很開心。
這次我要介紹的雪酪，一定也會讓你開心得笑起來。
方法雖然很簡單，但需要花上一些時間等待，
趁製作雪酪的機會來培養妳的耐心吧！

小舞的貼心叮嚀！

用榨汁機榨柳橙和檸檬之前，先把柳橙和檸檬放進微波爐裡加熱 1 分鐘，這樣會比較好榨哦。

怎麼做 *how to cook*

 ❶ 把柳橙和檸檬各切對半，用榨汁機榨出

柳橙汁和檸檬汁。❷  把果汁倒入有蓋的容器裡，加入果糖後攪

拌均勻。❸  蓋上蓋子，放進冷凍庫冰 4 個小時。

❹ 冰到有點結凍的時候，拿出來用叉子把果汁冰戳碎，再放進冷凍庫冰。

❺ 冰 2 個小時，拿出來用叉子再戳一次，就可以放回冷凍庫裡存放。

娜娜的悄悄話！

要是家裡沒有柳橙和檸檬也沒有關係，利用冰箱裡面有的其他水果或果汁照樣可以做出美味的雪酪。等果汁結成半凍狀態時拿出來戳碎，再放進冷凍庫裡結冰，然後再拿出來戳碎，就大功告成囉！

想吃的時候再拿出來就行了。

＊本食譜用的是黃檸檬，也可以用綠檸檬或萊姆製作，可嘗到不同口感。

小阿姨，我好愛妳唷～

朵莉決定利用星期六的早上，替養傷中的小阿姨
做一些料理。將這段時間苦練出來的實力好好展現出來，
做成好吃的料理，小阿姨吃了一定會很高興。

1.將 2 顆馬鈴薯去皮。 2.其中 1 顆刨成泥。 3.其餘的馬鈴薯切成絲。
4.將 2 + 3 ＋麵粉倒入容器裡，加入鹽調味後攪拌均勻。

是誰啊？

朵莉，要不要和我一起去書店？今天是偶像團體 SYS 寫真集開賣的日子唷，妳忘了嗎？

啊，對呀？怎麼辦？我得做馬鈴薯煎餅……小阿姨，妳等我一下，我先去一趟書店哦！

好友菈菈特地跑來家裡告訴朵莉，今天是偶像團體 SYS 寫真集推出的日子，正在煮菜的朵莉一聽，馬上把圍裙丟在一邊，和菈菈飛奔到書店。雖然書店的門還沒開，但是要買寫真集的人已經大排長龍了。朵莉和菈菈對 SYS 的忠誠度是不會輸給任何人的！雖然排了 2 個小時的隊伍，也不會覺得腳痛，書店開門後，朵莉和菈菈得意地捧著寫真書走出書店。等朵莉的肚子裡傳來咕嚕嚕的抗議聲，這才看了一下手錶，天吶！已經快要 12 點了。

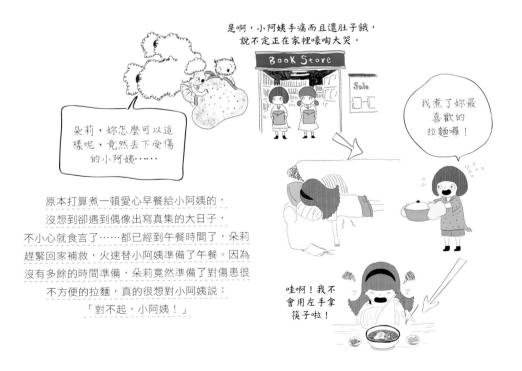

是啊，小阿姨手痛而且還肚子餓，說不定正在家裡嚎啕大哭。

朵莉，妳怎麼可以這樣呢，竟然丟下受傷的小阿姨……

我煮了妳最喜歡的拉麵囉！

原本打算煮一頓愛心早餐給小阿姨的，沒想到卻遇到偶像出寫真集的大日子，不小心就食言了……都已經到午餐時間了，朵莉趕緊回家補救，火速替小阿姨準備了午餐。因為沒有多餘的時間準備，朵莉竟然準備了對傷患很不方便的拉麵，真的很想對小阿姨説：「對不起，小阿姨！」

哇啊！我不會用左手拿筷子啦！

獨一無二的特製冰淇淋

冰淇淋三明治

星期六的下午，妳一定很想來點好玩的新鮮事。為了讓妳打發無聊
的時間，我來教你做一道好玩又好吃的料理——冰淇淋三明治吧！只要把
冰箱裡的冰淇淋和格子煎餅結合起來就 OK 囉。

材料 ingredients

裝飾用 星星糖果 少許	冰淇淋 3 杯	格子煎餅 6 片

怎麼做 how to cook

① 從冰箱把冰淇淋拿出來，放到有一點點融化。太硬的話會不好做。

把冰淇淋抹在格子煎餅上。❸ 拿出另一片格子煎餅蓋

上，做成三明治。④ 側邊冰淇淋露出來的部分，沾上小星星糖果。

⑤ 把做好的成品放進冷凍庫裡，等冰硬了再拿出來吃。

小舞的貼心叮嚀！

如果家裡沒有裝飾用的星星糖果，
也可以用家裡現有的餅乾代替，只要先
把餅乾壓碎，再將餅乾屑沾到邊緣的
冰淇淋上就行了。

娜娜的悄悄話！

冰淇淋三明治做好後，最好先放
進冷凍庫裡冰一陣子再吃。這樣可以
幫助融化的冰淇淋再度結冰，吃的時候才
不會一直滴下來。

加點花樣更加可愛唷～

泡菜湯

即使已經結婚 10 幾年了，但媽媽對泡菜還是一籌莫展，
我覺得會做泡菜的人，簡直就是專業廚師了！
不過呢，今天媽媽要教妳用最簡單的方法做泡菜湯喔。

生水 1 杯	醋 1 大匙	糖 1 大匙	蘋果汁 1/3 杯	鹽 2 小匙

甜椒 1/2 顆	胡蘿蔔 1/4 根	小黃瓜 1/2 條	（糖 1/2 小匙、鹽 1/2 小匙）

辣椒水

辣椒粉
1 小匙

水
2 小匙

小舞的貼心叮嚀！

小黃瓜在撒上鹽和糖以後
會出水，千萬別把這些水丟掉哦！
做泡菜湯的時候可以一起
加進去，風味會更佳。

怎麼做 *how to cook*

❶  用餅乾模型把甜椒、胡蘿蔔和小黃瓜做出可愛的造型。 **❷** 辣椒粉

倒進水裡，用篩網把辣椒水裡多餘的辣椒粉篩掉。 **❸**

在可愛的造型小黃瓜上撒一些鹽、糖，稍微攪拌過後放置 5 分鐘。 **❹** 將生水、醋、糖、

 蘋果汁、鹽以及篩過的辣椒水

攪拌均勻，最後再放入蔬菜，就可以吃囉！

娜娜的悄悄話！

如果多加 1 大匙洋蔥泥
或梨子泥，喝起來會更
好喝哦！

Carrot 胡蘿蔔

看到妳每天辛苦地念書，媽媽很想為妳準備「胡蘿蔔」。可是，
我想起每次只要在料理中加入胡蘿蔔，妳總會特地再挑出來……希望從今天開始，
妳可以喜歡上胡蘿蔔。胡蘿蔔對眼睛很好，而且有助於中和身體內的毒素，
為了讓妳真心愛上胡蘿蔔，媽媽特別用心研究了食譜喔！

start
胡蘿蔔＋高麗
菜的最佳料理

start
胡蘿蔔＋午餐肉
的最佳料理

start
胡蘿蔔＋玉米
的最佳料理

胡蘿蔔切成長條狀。

高麗菜也切成和
胡蘿蔔差不多的
形狀。

美乃滋、糖、醋、
油、胡椒粉、鹽放
入容器裡。

用木杓把材料拌
一拌，做成醬汁。

把醬汁倒入胡蘿
蔔、高麗菜拌一
拌，就可以吃囉！

{ finish!
田園生菜沙拉 }

加入蠔油、胡椒粉調味就ok囉!

如果洋蔥開始變透明,可以加入飯拌一拌。

{ finish! 馬上好炒飯 }

把現有的胡蘿蔔、洋蔥、甜椒等蔬菜切成小丁。

平底鍋裡倒入油,放入切好的蔬菜炒。

午餐肉切成小丁,放進平底鍋裡炒。

我上輩子可能是一隻兔子吧!我最喜歡削掉胡蘿蔔的皮,像兔子一樣小口小口啃來吃。

我比較喜歡吃炒過的胡蘿蔔!香甜又好吃。

很多人都不喜歡胡蘿蔔,但它真的是營養又美味耶!

將冰箱裡的胡蘿蔔、洋蔥、甜椒等蔬菜拿出來切碎。

把玉米罐頭倒在篩網上,瀝乾水分。

鮪魚罐頭也倒在篩網上,瀝乾水分。

把切碎的蔬菜、鮪魚、玉米通通放進容器裡。

再加入煎餅粉、水、雞蛋,攪拌均勻成煎餅麵糊。

油倒入平底鍋中,舀一湯匙的麵糊下去煎,煎到兩面呈金黃色。

{ finish! 胡蘿蔔玉米煎 }

專屬於女孩們的**睡衣派對！**

Fun, Fun! Girls' Pink Party!

睡衣派對是什麼？

和好朋友們一起，玩通宵、談天說地的派對叫做睡衣派對。雖然派對散場後會疲憊不堪，卻能擁有和朋友的滿滿回憶呢！

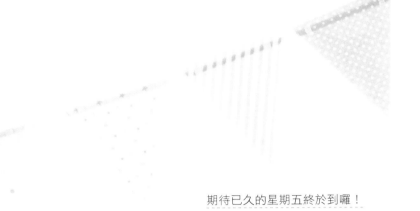

期待已久的星期五終於到囉！
YA！手傷已經好轉的小阿姨說，今天我可以招待朋友到家裡玩哦！
明天是星期六，不用上課，
我和好友們約好要很盡興地玩通宵，真是太開心了！
因為小阿姨的手上還纏著繃帶，
所以這次由我負責準備料理和點心！

小舞的貼心叮嚀！

吐司用模型壓出造型後，最好先用浸濕的毛巾蓋住，如果吐司太乾，做出來的三明治就不好吃了，千萬別忘記一定要用乾淨的毛巾哦！

U

鮪魚三明治

草莓奶昔

怎麼做 *how to cook*

草莓奶昔

材料：草莓 1 杯、牛奶 2 杯、果糖 2 大匙

❶ 將草莓放在流動的水底下洗淨，放在篩網上，瀝乾水分。

❷ 草莓去掉蒂頭，放在缽裡面搗碎。

❸ 把草莓、果糖放到牛奶裡攪拌一下，就可以吃囉！

小舞的貼心叮嚀！

草莓奶昔就是在奶昔中加入草莓，因為草莓不是液體，放一陣子草莓和牛奶就會分離，要喝之前記得再攪拌一次。這樣就能做出漂亮的粉紅色奶昔囉！

鮪魚三明治

材料：鮪魚罐頭（大的）1 罐、胡蘿蔔 1/5 根、小黃瓜 1/4 條、洋蔥 1/5 顆、美乃滋 4 大匙、胡椒粉少許、吐司 12 片

❶ 鮪魚罐頭倒在篩網上，瀝乾油水。

❷ 胡蘿蔔、洋蔥切成小丁，小黃瓜去籽後也切成小丁。

❸ 將鮪魚、小黃瓜丁、胡蘿蔔丁、洋蔥丁、美乃滋和胡椒粉攪拌均勻。

❹ 把模型壓在吐司上做出造型。

❺ 將做法❸放到吐司上，插上牙籤，就可以吃囉！

小黃瓜卡納佩

草莓起司蛋糕

怎麼做 how to cook

小黃瓜卡納佩

材料：小黃瓜 2 條、蟹肉棒 1 杯、美乃滋 1 大匙、植物優格 1 小匙

① 小黃瓜洗乾淨，切成 3 公分的長度。

② 利用刀子或小湯匙，在小黃瓜的中間挖一個洞，就像一個凹槽一樣。

③ 用手把蟹肉棒撕成絲狀，和美乃滋、植物優格一起攪拌成餡料。

④ 將餡料塞進小黃瓜中間的凹洞裡（塞滿滿），就可以吃囉！

草莓起司蛋糕

材料：草莓 1 杯、糖 1 大匙、長崎蛋糕 1 杯、草莓奶油（草莓碎 4 大匙、奶油起司 4 大匙）

① 先取 2 顆草莓切塊，其他草莓洗乾淨，擦乾水分，加入糖後搗碎。

② 長崎蛋糕切成薄片，以按壓方式鋪在透明杯子底端。

③ 取適量草莓碎鋪在蛋糕上。

④ 取 4 大匙草莓碎和 4 大匙奶油起司拌成草莓奶油。

⑤ 在③上依序鋪上長崎蛋糕、草莓奶油，最後放上草莓塊和香草裝飾。

不織布 幸運餅乾

材料：
不織布、雙面膠、鐵絲、小紙條、剪刀

把不織布剪成圓形。

中間貼上雙面膠，鐵絲放在雙面膠上面。

放上寫了文字的紙條後，把圓形布對摺兩次，再整理一下形狀就完成囉！

蝴蝶吸管套

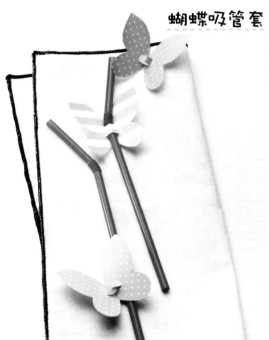

材料：
漂亮的色紙、剪刀、吸管

將準備好的色紙對摺。

畫半邊蝴蝶的圖案，在穿吸管的地方做好記號。

用剪刀剪下蝴蝶圖案，吸管的位置也記得剪開，打開之後把吸管套進去就完成囉！

用剪刀剪下紙袋、包裝紙上的圖案，或把色紙剪成想要的形狀。

在圖案上貼上參加派對的朋友的名字縮寫。

用膠帶把竹籤固定在圖案後面，就完成囉！

字母小牌子

材料：
紙袋或漂亮的色紙、字母貼紙、剪刀、透明膠帶、竹籤

不織布或紙剪成三角形。

把三角形最寬的部位稍微反摺，做上記號之後剪開，等一下要穿緞帶。

在剛才剪開的位置塗上膠水，穿入緞帶，就完成囉！

繽紛小旗子

材料：
各種顏色和花樣的不織布或紙、緞帶、剪刀、膠水

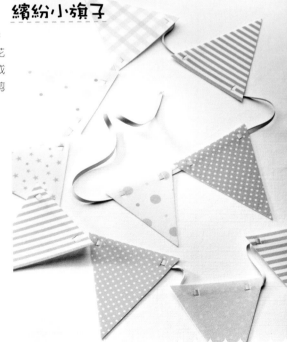

冰淇淋的回憶

學長：朵莉，這個冰淇淋請妳吃！
本來是要買給我的朋友的，
可是突然找不到他。

學長：啊，綠燈已經在閃了，
朵莉，我們快跑！
朵莉：喔，好！呼！呼！

學長：呼！終於跑過來了……
咦，妳的冰淇淋……已經吃光啦？
妳是邊跑邊吃的嗎？吃東西的速度好驚人！

哇啊！好丟臉喔！
我竟然在學長的面前出糗，
他一定以為我是個貪吃鬼……
還有，那個冰淇淋
看起來真的很好吃吶……

呼，呼！
什麼？
啊，嗯！

朵莉，妳看起來好像有心事，怎麼了嗎？

而且妳看起來好像很餓。

嗯……小舞、娜娜，我覺得好丟臉，學長請我吃冰淇淋，但是我在跑步時不小心把冰淇淋掉在地上……不僅沒吃到冰淇淋，還被學長誤會我邊跑邊吃，他一定會覺得我是愛吃鬼……嗚嗚……好難過！

朵莉，別太擔心！
我撒一些微笑小天使給妳，想想開心、美好的事情吧。

朵莉，
後來我仔細想了想，那個冰淇淋啊，
妳應該不可能吃那麼快，
所以我到剛才的斑馬線那裡看了一下，
發現地上有妳掉落的冰淇淋。
我趕緊把地上的冰淇淋撿起來，
這個給妳，快點吃吧！

學長把掉在地上的冰淇淋撿起來，
很神奇的是冰淇淋竟然沒有融化耶！
也沒有沾到泥土，就像剛買來的一樣乾淨，
本來就很想吃冰淇淋的朵莉，
小心翼翼確認四周有沒有人，一個人
把冰淇淋全都吞進了肚子裡，真的好好吃唷。

嗯……好吃，但這是掉在地上的冰淇淋耶……算了，算了，管它乾不乾淨。

Fact：真相是

1.

2.

3.

1 發現了掉在地上的冰淇淋（學長：果然是這樣，冰淇淋掉在地上了，全都融化了呀！）
2 拿出存了好久的零用錢重新買了冰淇淋。
3 送給朵莉（其實朵莉吃的冰淇淋是學長再買的！）

Bell Pepper 甜椒

青椒也是甜椒的一種喔！雖然聞起來有點刺鼻，但其實嘗起來是甜甜的喔！媽媽每次煮青椒時，都很怕妳會不喜歡它嗆辣的味道。青椒的維他命C含量是橘子的3倍，還有對眼睛有益的胡蘿蔔素喔！另外，據說紅色、黃色的甜椒所含的養分比青椒來得多，所以，妳以後要多多嘗試這些五顏六色的甜椒哦！

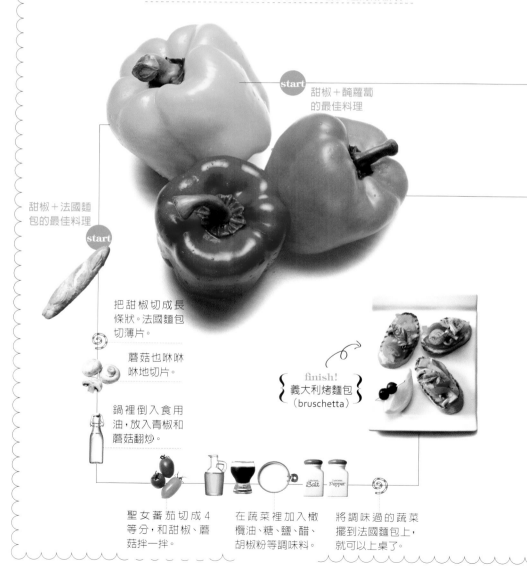

start 甜椒＋醃蘿蔔
的最佳料理

甜椒＋法國麵
包的最佳料理

start

把甜椒切成長
條狀。法國麵包
切薄片。

蘑菇也咻咻
咻地切片。

鍋裡倒入食用
油，放入青椒和
蘑菇翻炒。

finish!
義大利烤麵包
（bruschetta）

聖女蕃茄切成4
等分，和甜椒、蘑
菇拌一拌。

在蔬菜裡加入橄
欖油、糖、鹽、醋、
胡椒粉等調味料。

將調味過的蔬菜
擺到法國麵包上，
就可以上桌了。

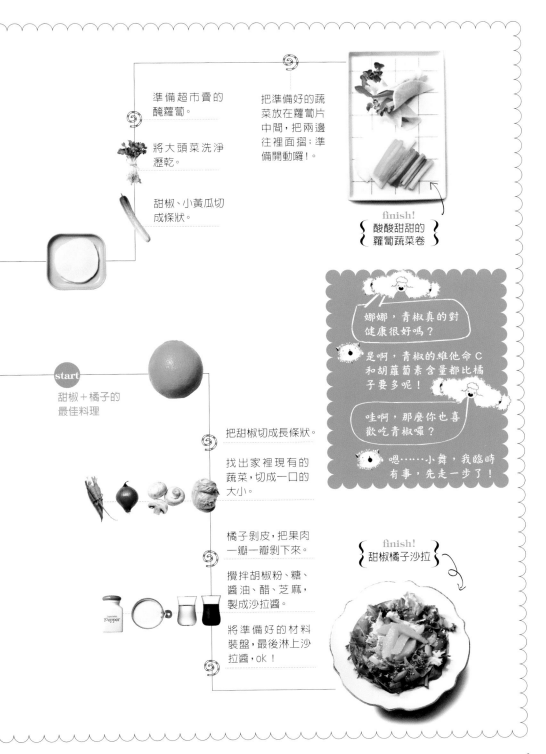

準備超市賣的
醃蘿蔔。

將大頭菜洗淨
瀝乾。

甜椒、小黃瓜切
成條狀。

把準備好的蔬
菜放在蘿蔔片
中間，把兩邊
往裡面摺；準
備開動囉！。

finish!
酸酸甜甜的
蘿蔔蔬菜卷

娜娜，青椒真的對
健康很好嗎？

是啊，青椒的維他命 C
和胡蘿蔔素含量都比橘
子要多呢！

哇啊，那麼你也喜
歡吃青椒囉？

嗯……小舞，我臨時
有事，先走一步了！

start
甜椒＋橘子的
最佳料理

把甜椒切成長條狀。

找出家裡現有的
蔬菜，切成一口的
大小。

橘子剝皮，把果肉
一瓣一瓣剝下來。

攪拌胡椒粉、糖、
醬油、醋、芝麻，
製成沙拉醬。

將準備好的材料
裝盤，最後淋上沙
拉醬，ok！

finish!
甜椒橘子沙拉

阿爾卑斯山風味的甜點

水果巧克力鍋

瑞士起司火鍋（fondue）是阿爾卑斯法語區的美食，
通常是在桌子中間放一個起司鍋，下面有爐火直接加熱，
然後拿麵包、肉類、蔬菜沾著融化的起司吃。
我把起司改成了巧克力，直接以水果沾巧克力醬汁來吃，
變成一道香甜美味的巧克力鍋。

利用微波爐融化巧克力時，如果一次的微波時間過久，巧克力會燒焦，建議先加熱 30 秒，拿出來攪拌一下，再加熱 20 秒，然後再拿出來攪拌一下，就變成巧克力醬汁囉！如果仍嫌不夠，可以額外再加熱 20 秒。

材料 ingredients

巧克力
2 杯

黃金奇異果
1 顆

草莓
1 杯

青葡萄
1 杯

蘋果
1/2 顆

怎麼做 how to cook

① 將葡萄和草莓放在流動的水底下洗淨，放到篩網上，瀝乾水分。 ②

黃金奇異果削皮，切成一口的大小，蘋果也切成一口的大小。 ③ 巧克力切成小塊，放到微

波爐專用的容器裡加熱 30 秒，拿出來攪拌，再放回微波爐裡加熱 20 秒，讓巧克力完全融化。

④ 把完全融化的巧克力裝進碗裡，拿出準備好的水果沾著吃就行了！

娜娜的悄悄話！

利用吃剩的巧克力液做成香蕉巧克力棒。先剝除香蕉的外皮，插上竹籤，均勻滾上巧克力液，完成後把裹上巧克力醬汁的香蕉放入冰箱裡冷凍或冷藏，風味絕佳哦！

當培根遇到洋蔥

培根飯卷

培根和洋蔥簡直是天生一對！
培根含有許多脂肪，
洋蔥則可以幫助清血，
這兩種食物可以相互搭配，
變成一道美味又健康的點心。

材料
ingredients

飯
1 碗

洋蔥　香油
1/2 顆　少許

培根　鹽　胡椒粉　熟芝麻
5 片　少許　少許　少許

怎麼做 *how to cook*

① 洋蔥切丁。平底鍋裡倒入少許油，放入洋蔥炒一炒。 **②** 培根

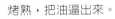
烤熟，把油逼出來。 **③** 把香油、鹽、 胡椒粉、熟

芝麻加入白飯中調味。 **④** 將炒過的洋蔥  放到白飯上面，用手把飯

整型成長條狀。 **⑤** 用培根把飯包住，插上竹籤固定，就可以吃囉！

給爸爸和媽媽的一桌好菜

親愛的爸爸、媽媽！

歡迎你們回來！

你們不在的這兩個星期，我和小阿姨過得很好。（除了小阿姨弄傷了手以外，一切都很順利 ^-^）這段期間我看了媽媽為我寫的「料理書」，照著書上寫的做了很多好吃的料理。

爸爸，媽媽！希望你們會喜歡我幫你們準備的歡迎大餐。這一次我領悟到了一件事：爸爸和媽媽只是年紀比我

耶！爸爸媽媽明天就回來囉！

我的手也已經好了。
I am OK！

大、身高比我高的大人，也和我一樣，都只是「普通人」，所以偶爾也會做錯，有時候也會傷心、心情不好。這些都是我的朋友小舞和娜娜告訴我的。

　　爸爸，媽媽！下次如果你們覺得辛苦、難過時一定要告訴我，我會做很多美味的料理給你們吃，讓你們的心情開朗起來，我愛你們！

　　　　最愛你們的女兒，朵莉敬上

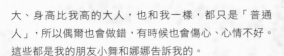

哇！媽媽買了「*Little Me*」娃娃送我耶，和我長得一模一樣的 *Little Me* 娃娃！媽媽，謝謝！娃娃竟然有3套衣服可以替換耶，明天一定要給菈菈看看！

朵莉，看妳高興的樣子我也很開心，那麼從今天開始，妳可以趁有空的時候自己動手做料理。雖然妳只是個料理新手，但能夠利用各種食材做出營養又美味的好菜，分享給家人和朋友，相信妳也會滿足又開心的！

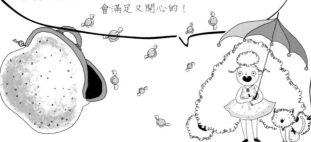

是啊，朵莉！千萬不要害怕做得不好，就算不小心失敗了也沒關係，再接再厲一定可以成功的！

為爸爸媽媽舉行的
聖誕派對

想要替爸爸媽媽辦一個派對、準備些好菜，
但該如何做才好呢？這次剛好爸爸媽媽同一天回來，
我想自己做一些簡單卻與眾不同的料理請他們吃，
當然還得搭配特別的餐桌裝飾！現在是 12 月，
離聖誕節很近，那就以「聖誕風」為主題好了。
以前都是爸爸媽媽幫我過節，現在我才知道，
原來為別人付出也是一件令人感到愉快、滿足的事情！

迷你可頌三明治

麥片冰淇淋

娜娜的悄悄話

戴上塑膠手套攪拌麥片和煮棉花糖，會比較容易製作喔！麥片很容易沾黏到手套，所以攪拌之前，可以先在手套上塗兩滴橄欖油！

怎麼做 how to cook

迷你可頌三明治

材料：迷你可頌8個、起司片2片、火腿片2片、蕃茄1顆、蜂蜜芥末醬3大匙、綠色蔬菜適量

❶ 把迷你可頌切對半。

❷ 蕃茄洗淨後先切對半，再切成薄片。

❸ 蔬菜洗乾淨瀝乾，切成和迷你可頌差不多的大小。

❹ 起司和火腿片切成4等分。

❺ 在一片迷你可頌上抹些許蜂蜜芥末醬，依序擺上蔬菜、蕃茄、起司和火腿，再蓋上另一片迷你可頌，就可以吃囉！

麥片冰淇淋

材料：冰淇淋甜筒杯4個、棉花糖1杯、麥片3杯、奶油2大匙

❶ 將棉花糖、奶油放進微波爐專用容器裡，以微波爐加熱2～3分鐘。

❷ 在加熱的過程中，棉花糖和奶油會融化。

❸ 把麥片放進已經融化的棉花糖裡，用手攪拌均勻。

❹ 趁棉花糖液凝固前，把棉花糖液體倒入甜筒杯裡面，捏成冰淇淋的形狀，就可以吃囉！

繽紛水果串果汁　　糖霜蛋糕

小舞的貼心叮嚀！

「icing」是指蛋糕或餅乾表面上的甜脆糖霜。可以試試用糖霜裝飾馬芬蛋糕和餅乾，設計成自己喜歡的造型和口味，就是自己專屬的點心。

怎麼做 how to cook

繽紛水果串果汁

材料：西瓜 1/4 片、香瓜 1/4 片、木瓜 1/2 顆、小紅莓果汁 4 杯

① 以挖冰淇淋器把西瓜、香瓜、木瓜挖成一球一球的形狀。

② 把一球一球的水果串到竹籤上。

③ 飲料倒入杯子裡，再放上水果串，就可以吃囉！

娜娜的悄悄話

只要利用家中現有的水果和飲料，就可以完成這款飲料。如果家裡沒有挖冰淇淋器也沒關係，改用刀子把水果切成小三角形或小四方形，再串到竹籤上做裝飾。

糖霜蛋糕

材料：奶油起司 1 杯、奶油 5 大匙、糖粉 2 杯、可可粉 6 大匙、市售馬芬蛋糕 4～6 個

① 奶油、奶油起司放在室溫下使其軟化。

② 將軟化的奶油放進容器裡，以打蛋器攪拌。

③ 加入奶油起司後繼續攪拌。

④ 加入些許糖粉和可可粉攪拌，奶油起司糖霜完成了！

⑤ 把糖霜抹在馬芬蛋糕表面，並用各種巧克力、餅乾裝飾。

愛的小花

材料：

彩色餐巾紙
10張、鐵絲、
緞帶、剪刀

餐巾紙攤開，剪成想要的正方形
大小。

10張疊在一起整理成扇子的模
樣，中間用鐵絲固定起來。

兩端剪成尖尖的模樣，把每一褶
打開，再接上緞帶，大功告成囉！

可愛小相框

材料：

紙、簽字筆、
緞帶或帶子、
打洞機、照片、
剪刀

把紙剪成想要的形狀，邊緣用簽
字筆畫上花邊。

最上面用打洞機打一個洞，把緞
帶或帶子穿過去。

把照片貼在紙上，大功告成囉！

先把彩色包裝紙剪成長方形，然後對摺。

用剪刀在紙條上剪出開口，記得不要剪到底。

高雅裝飾花朵

材料：
彩色包裝紙、
剪刀、膠水、
竹籤

底部塗上膠水，然後把彩色包裝紙捲在竹籤上，大功告成囉！

把紙剪成正方形。

幸運巧克力錢包

材料：
紙、剪刀、雙
面膠、緞帶、
貼紙、錢幣造
型的巧克力

把紙的兩邊往中間捲，做成喇叭狀，用雙面膠固定起來。

放入錢幣造型的巧克力，尖尖的三角形蓋往下摺，黏上貼紙和緞帶，大功告成囉！

幸福是什麼？

　　在我全心投入家庭生活，照顧老公和 2 個寶貝兒子的這 10 年之中，我常常問自己「幸福是什麼？」其實生命中有太多值得感謝的事了，所以每當自己還想奢求其他幸福時，覺得自己有些貪心。有時候我會告訴自己，如果更盡心盡力投入家庭生活，說不定就沒有時間有這樣的疑問。但是過沒多久，不禁又開始想：我追求的幸福到底是什麼？後來我終於明白了。我想要的，不過就是做自己喜歡的創作工作。就像 10 年前那樣，不是誰的「太太」或「媽媽」，而是以「自己的名字」度過的那段職場生活。現在的我有一個願望，想藉由一本小小的書來表達自己的想法，只可惜我無法像 10 年前那樣專注在職場，堆積如山的家事，更沒有時間進行創作。

小舞的綠色零錢包

　　2011 年的某個夏日，在電視台 KBS1TV 即將播出「小舞的綠色零錢包」時，我很幸運地見到了這部動畫的高層。我向他表達自己想要工作的強烈意願，這位主管豪爽地答應我的請求，為我安排了一個職位。就這樣，我很順利地開始工作。這 10 年的職場空白雖然讓我產生恐懼，但相對的，我更加珍惜這份工作。加上「小舞的綠色零錢包」是一部能夠幫助所有小朋友趕跑壓力、重新找回幸福的動畫，因此我也格外的開心。乘著綠色零錢包而來的「小舞」，除了帶給了小朋友幸福和歡樂，連我這個已經 40 多歲的主婦也受益匪淺。今天也一如往常，把老公和小孩送出門，換好衣服後，認命地到我的小辦公桌前報到。這時的我堅信著，能夠為小朋友出點力，就算只是微不足道的小貢獻，也讓我感到無比幸福。

2012 年 5 月
宋惠仙

哈囉！我是小舞
Happy Doll!

你覺得心情不好嗎？
不要擔心，我和娜娜
會飛過去，為你撒下幸福
小天使，讓你的心情
立刻好起來喔！

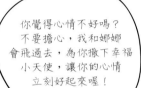

有什麼難過的事，
不要悶在心裡，一定要
講出來，或是做些
讓自己開心的事唷！

跟著朵莉、小舞和娜娜一起學做菜，
是不是很好玩呢？
食譜裡面的料理都簡單又可愛，
真的讓人覺得吃東西是種享受呢！
讓我們一起動手做漂亮、不費時又好吃的料理吧！

獻給 Happy PonPon 的所有工作夥伴

把家裡堆積如山的碗盤和髒衣物都拋到腦後，我趕著去上班，到了公司，在小辦公桌前等待這次我負責的作品《小學生都會做的菜》的成果。首先，我要感謝朴娜莉前輩，她是我認識最棒的美術總監！我第一次接到她的電話時，她在我的尖叫聲中說希望能和我合作，令我既光榮又開心！也因為她，這本書才得以進入企畫和製作階段。另外，總是以最專注的眼神凝視鏡頭的攝影師金貞善；點子豐富，做起事來手腳俐落的食物造型師崔慧琳；極具天分且不斷努力的插畫家李智燕；如果沒有他們不分晝夜的努力，《小學生都會做的菜》是不可能完成的。我還要感謝「Little Me Little」的同事吳賢珠，每天一起絞盡腦汁構想《小舞的綠色零錢包》動畫的劇情。還有作家金現池幫忙校對，大家都是我不可或缺的好夥伴。這次我能夠負責《小舞的綠色零錢包》的案子，是我這 10 年來做夢都不敢想的，而在這段期間裡，所有的夢想都實現了。最後，我要感謝我的老公崔永哲和 2 個可愛的兒子——秀珉和熙珉，家裡碗盤和髒衣服全靠他們分工合作。我只想告訴他們，我很愛你們，真的，好愛你們。

作者 宋惠仙

現在是自由編輯兼兩個孩子的媽。1994 年到 2002 年間，曾經擔任《Vougue》、《Chic》、《Marie Claire》等雜誌的編輯，並曾擔任新羅酒店出版的《Noblian》雜誌的創刊編輯。2002 年到 2007 年為了到美國紐約留學，舉家遷往美國。2007 年回國後，成為全職的家庭主婦。本書是她的處女作唷！

小學生都會做的菜
蛋糕、麵包、沙拉、甜點、派對點心

作者　宋惠仙
翻譯　李靜宜
編輯　彭文怡・郭靜澄
美術　鄭寧寧
行銷　呂瑞芸
企劃統籌　李橘
總編輯　莫少閒
出版者　朱雀文化事業有限公司
地址　台北市基隆路二段13-1號3樓
電話　02-2345-3868
傳真　02-2345-3828
劃撥帳號　19234566朱雀文化事業有限公司
e-mail　redbook@ms26.hinet.net
網址　http://redbook.com.tw
總經銷　成陽出版股份有限公司
ISBN -　978-986-6029-19-6
初版一刷　2012.07
定價　280元

出版登記北市業字第1403號
全書圖文未經同意不得轉載和翻印
本書如有缺頁、破損、裝訂錯誤，請寄回本公司更換

國家圖書館出版品預行編目

小學生都會做的菜／宋惠仙著；李靜宜
翻譯 ----- 初版 ---- 台北市：朱雀文化，
2012.07
面；公分 .----（Cook；125）
ISBN978-986-6029-19-6
食譜
428.3

해피퐁퐁 쿠킹북
Author by Hyesun Song(송혜선)
Illustrator by Jiyeon Lee (이지연)
Photographer by Jungsun Kim(김정선)
Food- stylist by Hyerim Choi(최혜림)
Art director by Naree Park (박나리)
Copyright © 2011 by Little Me Little
All rights reserved.
Chinese complex translation copyright © Red
Publishing Co., Ltd., 2012
Published by arrangement with Little Me Little
through LEE's Literary Agency

港澳地區授權出版：Forms Kitchen
地址：香港北角英皇道499號北角工業大廈18樓
電話：(852) 2138-7961
傳真：(852) 2597-4003
電郵：marketing@formspub.com
網站：http://www.formspub.com
facebook：http://www.facebook.com/formspub

港澳地區代理發行：
香港聯合書刊物流有限公司
地址：香港新界大埔汀麗路36號
中華商務印刷大廈3字樓
電話：(852) 2150-2100
傳真：(852) 2407-3062
電郵：info@suplogistics.com.hk

ISBN：978-988-8103-02-7
出版日期：二零一二年七月第一次印刷
定價 HK$78.00